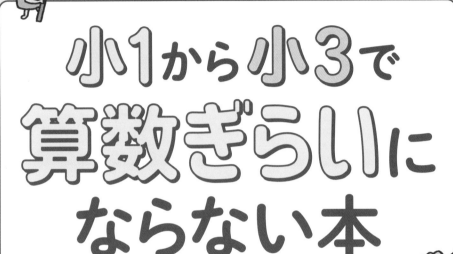

小1から小3で
算数ぎらいに
ならない本

日本数学検定協会認定数学コーチャー 大迫ちあき

内外出版社

子どものさんすう脳を育む本
CONTENTS

昭和の
終わりから
平成に
小学生だった
おとなへ

令和の算数は思考型。読解力がないと解けない時代になっている！

問題

昨日は4こ咲いていたチューリップの花が、
今日は7こ咲いています。
チューリップの花は何こ増えましたか？

答え [　　] こ

ココが落とし穴！

「何こ増えましたか？」と聞いているが、
足し算ではなく引き算の問題。

答えの導き方

今日

昨日

↓ したがって

 今日咲いた 7こ − 昨日咲いた 4こ = 増えた数

これが増えた分

↓ つまり

7 − 4 = □

という式になる

↓

答え 3 こ

★読解力がないと解けない算数の時代に

子どもというのは、「何こ増えましたか？」と聞かれると「これは足し算の問題だ！」と思ってしまいます。しかしこの問題で使う計算式は引き算。引き算を導き出すためには、問題文をしっかりと読み解かなければなりません。令和の算数はこうした"ひっかけ文章題"がたくさん出てきます。小学校に限った傾向ではなく、大学入試の数学でも読解力を必要とする問題が出てくるのです。計算だけをやっていればよかった親の時代とは違います。

ちなみに・・・

難関中学の受験で出題される算数の問題も
ほとんどが読解力が問われる文章題なんじゃ

例題

ある川の上流から順にA、B、C、Dの4地点があり、船XはAD間を、船YはDB間を往復します。船X、Yは間の地点や折り返す地点ではとまらず、到着するとすぐに出発します。

ある日、午前8時27分に船YがD地点からB地点に向かって出発し、その何分か後に、船XがA地点からD地点に向けて出発しました。船Xと船Yがすれ違った後、船YはC地点を通過し、それと同時に船XはD地点に到着しました。船Xはすぐに折り返して出発したところ、B地点で折り返してきた船Yと、午前10時33分にC地点ですれ違いました。さらに、船XはA地点で折り返すと、D地点で折り返してきた船YとB地点で出会いました。船Xと船Yの速さは等しく、上りは時速2km、下りは時速7kmで進むものとして、次の問いに答えなさい。

（1）BC間とCD間の距離の比を、最も簡単な整数比で答えなさい。

（2）船Xが初めてD地点に到着した時刻は午前何時何分ですか。

*2020年度 聖光学院中学校入試問題（改）

数式を知っていても
読解力がないと解けない

令和の算数は思考型です。難関中学の入試問題も例外ではなく、この数年、文章問題の比率が圧倒的に増えてきました。この例題は、図表がある場合は、知識（ここでは速さを求める数式と三角形の相対比）さえあれば比較的簡単に解けます。しかし図表がないため、問題を正しく読み解いて情報を整理し、どの知識を用いて解いたらよいかを的確に判断しないと答えを導けません。つまり、この例題を解くためには情報処理能力が必要不可欠なのです。そして情報処理能力を身につけるためには、小学校低学年のうちから、文章を読み解く力（読解力）を鍛えておかなければならないのです。

長い文章を読む
練習をしよう

答え
（1）BC：CDは7：9
（2）Xが初めてDに着いたのは9時30分

いまさら
だけど……

算数や数学って学ぶ必要あるの？

今、子どもたちが学ぶのは "社会で役立つ算数"

「算数（または数学）が苦手！」というパパやママは、「なぜ算数なんか勉強しなきゃならないの？　大人になって役立ったためしがない！」と思っているはず。

確かに私たち親世代が習った算数は、社会で役立たないかもしれません。しかし今、子どもたちが学ぶ算数は、社会人になったときに必ず役立つ論理的思考力・説明能力・情報処理能力などが身につく "社会で役立つ算数"。混沌とした時代を生き抜くために必要な力を算数で養うのです。

子どもに算数の悪口を言わないで！

親の言葉は思っている以上に、子どもに影響を与えます。だからこそ"算数の悪口"を言わないでください。子どもたちは皆、算数脳を持って生まれています。それを"悪口1つ"で算数嫌いの子にしてしまってはもったいないと思いませんか？

令和の算数では社会で生きていくための能力を養います

学習指導要領の変遷

1971年（昭和46年）〜

テストすぎたら忘れてOK！

漢字書き取り 500

算数ドリル

日本の河川暗記

> 6年間の総授業コマ数は **5821** 暗記中心の詰め込み教育だったのじゃ

★ **濃密な学習指導要領**

小中学校から高度な詰め込み教育を行う。「新幹線授業」などと揶揄（やゆ）されるほど授業が速すぎ、生徒が置いてけぼりになる現象も起こった。

1980年（昭和55年）〜

> 6年間の総授業コマ数が **5785** に減ったぞ

★ **ゆとり教育開始**

"詰め込み教育"の反省から、今度は指導内容を精選し授業時間を減らすものの、まだまだ「ゆとり教育」とは名ばかり。校内暴力が問題になったのもこのころ。

詰め込みとゆとりの時代は終わり、
新しい時代に！

社会に出ても役に立つ教育を模索してきた日本。現在では自分で考え、生きる力を育む教育へとシフトしました。算数では、計算だけでなく図形やデータの活用の仕方を学習します。試験やテストの問題でも、文章題が増え読解力はもちろん、思考力や論理力を問うものが中心となりました。近年の大学入試では文系といわれる学部でも数学が必須のところが増えています。

2020年
（令和2年）〜

★プログラミング教育の開始

自分から積極的に興味や関心を持ち、人と話すことでより理解を深める学習を導入。プログラミング教育の充実も図られる。

6年間の総授業コマ数が **5785** に！
1980年と同じ基準になったぞ

いわゆるゆとり世代の始まり。
6年間の総授業コマ数 **5367！**

2002年（平成14年）〜

★完全週5日制開始

いわゆる「ゆとり世代」の時代。「円周率は3.14ではなく3で教える」という都市伝説も生まれた。基礎・基本を確実に身につけたうえで、自主的に学ぶ姿勢を強化する教育へ変化。

2011年（平成23年）〜

6年間の総授業コマ数が **5645** に！
10年ぶりに増えたのじゃ

★脱ゆとり教育

学力の低下の反省から、授業数を増加。ゆとりでも詰め込みでもない、知識・道徳・体力のバランスがとれた生きる力を育てる教育へシフト。

「4年生からの算数でつまずく」は本当です！

都市伝説では
なかった！

「4年の算数の壁」を越えるためには3年生までに算数と仲よくなろう

令和の算数では、「かず（数と計算）」「かたち（図形）」「すいり（測定など）」という単元を学びながら、社会で役立つ能力を育んでいきます。それぞれの単元をバランスよく学べるのが理想ですが、1年生から3年生までに学ぶのは算数の基礎知識である「かず」がほとんど。ところが、高学年になると「かたち」や「すいり」の比重が増え、さらに、出される問題も抽象化するなど、難易度がぐんと上がります。これが「4年の算数の壁」と言われるもの。だからこそ3年生までの"算数"への接し方が非常に大切。日常的に折り紙やパズル、積み木などで遊びながら算数の世界を体験させ、算数の基礎体力を身につけておくことが重要です。それが「4年生の算数の壁」を乗り越える方法です。

広さの表し方？
広さって何？

4年生

グラフって何？
表って何？

4年生で学ぶ
14単元のうち

かず　　9単元
かたち　4単元
すいり　1単元

5年生で学ぶ
18単元のうち

かず　7単元
かたち　6単元
すいり　5単元

6年生で学ぶ
12単元のうち

かず　4単元
かたち　5単元
すいり　3単元

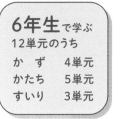

箱の形って何?
四角じゃないの?

1年生　5年生・6年生

3年生

3年生で学ぶ
18単元のうち

かず　12単元
かたち　2単元
すいり　4単元

2年生で学ぶ
17単元のうち

かず　9単元
かたち　3単元
すいり　4単元

1年生で学ぶ
18単元のうち

かず　12単元
かたち　2単元
すいり　4単元

令和の算数では「計算ドリルを与えていれば大丈夫」ではありません

昭和と平成生まれのおとなが陥りがちな思い込みに注意！

算数＝計算がすべて！と思っているおとなは非常に多いんです。なぜなら"昭和〜平成の小学校の算数"は計算さえできればなんとかなったから。そのため子どもに計算することばかりを要求しがち。しかし令和の算数は読解力も思考力も問われてきます。計算だけできてもどうにもなりません。時代は"考える算数"にすでに変わっています。おとなはまず、この"算数＝計算"という古い思い込みを捨てましょう。

3年生までに算数脳を育てることが大事だよ

② パパ、**算数**教えて〜

なになに

どこにも数字が
出てこない…

何言ってるのか
わからない
んですけど——！

かつのりくん、みのるくん、みかさん、あやさん、さとみさんの5人が背比べをして次のように言いました。ただし、あやさんだけはうそをついています。

あや「わたしがいちばん背が高いよ」

みか「わたしはかつのりくんより背が低いよ」

かつのり「ぼくは、あやさんより背が高くないよ」

さとみ「男の子と女の子が交互になったね」

5人を背の高い順にならべるとどのような順になりますか？

③ これじゃあ、
国語の問題だよ……
算数なのに計算じゃ
ないなんて……

パパ、
どうしたの
？

プシュー

BEER

カチンコチン

PART 2

令和時代の算数脳を育むために必要なこと

ドリルだけ
やっていても
不完全なんだよ

オーケー、グーグル！では令和の算数脳は育ちません

3年生までに "数や形" と遊んで遊んで遊びまくろう！

2020年に教育の "文理融合" が提唱されるようになりました。文系・理系の枠組みを取り払い、どちらもできる力をつけることが教育の目的になったのです。算数も "考える算数" となり、思考力や読解力に情報処理能力、予測する力までが求められるようになりました。そのため令和の子どもたちは、私たち親世代とは違い、九九を覚えれば、計算さえできていれば大丈夫！というわけにはいかなくなりました。子どもたちは、〈計算ができるだけでは解けない問題〉と格闘するのです。では "考える算数" に立ち向かう力をつけるには、どうしたらいいか。それは5歳から小学3年生までの間に、日常生活の中で少しでも多くの数や形と触れ合い、遊ぶこと。IT化が進んだ現在は、私たち親世代には当たり前だったものがなくなりつつあります。そのため意識しないと数や形に触れることが少なくなりました。ぜひ、身近にある時計やカレンダーなどを使ってどんどん遊ばせてください。遊ぶことで "考える算数" に立ち向かえる "算数脳" の基礎を育めるのです。

新聞のテレビ欄やカレンダーで 表の読み方を育む

★カレンダーは "考える算数" の基礎づくりになる最高の教材

カレンダーの日付と曜日は、小学１年生の国語の授業で覚えます。しかしカレンダーは算数でも必ず使う教材。日付と曜日を覚えることも大切ですが、算数的なカレンダーの見方も覚えさせましょう。たとえば横のラインは１つずつ数が増えていき、縦のラインは７つずつ数が増えていく規則性を子どもと一緒に確認してください。そして31日ある月とない月があること。３年生になるまでには４の倍数の年にあたるうるう年には2月29日があることも覚えさせてください。こうした計算ではない知識が "考える算数" には必要です。

中学入試には "日暦算" というものがあり、カレンダーを理解していないと解けないよ

来週の火曜日は何日かな？

新聞のテレビ欄を読み込むことも表やグラフを読む力を養うよ

時間も時刻も
アナログ時計で体感できる

★計算・文章・図形問題の基礎が時計に詰まっている！

時計を読めるようになることはおとなが思っている以上に大切です。低学年で時計につまずいてしまうと高学年になってから角度と速さ、そして時計がらみの計算問題、文章問題、図形問題が解けなくなります。まずは、家にアナログ時計を用意してください。長針が「分」、短針が「時」を表すことを覚えさせ、次にぴったりの時間・30分単位の時間・10分単位の時間・5分単位の時間と覚え、半端な時刻も読めるようにします。覚えさせるためには「3時になったらおやつにしようね」「5時までお外で遊ぼうね」という子どもが"時間を意識する声かけ"も大切です。

長い針が
12から3に
動くと
15分進んで

短い針が
12から3に
動くと
3時間すぎる
のかあ……

午前と午後、24時間制の概念も覚えよう

スマホや
デジタル時計だと
体感しづらいよ〜

おもちゃのお金でお買い物ごっこをすれば、単位数量を体感できる

☆ "算数脳"だけでなく金銭感覚も身につく

コロナウイルスの影響もあって、今、電子マネーを使っているお子さんの多いこと！ しかしこれは"算数脳"を育むうえでは大問題です！ 目で見て触れる小銭やお札は子どもに数を意識させ、十進法や位取り（4年生で習う単元）、そして1〜10000の単位を覚えさせるのに最適なツール。ぜひおもちゃのお金を用意して、まずはお金の"単位"を覚えさせましょう。次にお買い物ごっこをしながら足し算・引き算遊びをして計算力を磨いてください。

単位を知らない子どもは数量の多い方が得っ！と思っちゃうんだよ

料理したりお菓子を作ったりで
量と単位と測定を体感できる

★ 単位と段取りだらけの料理はまさに算数そのもの

g、mL、cm、何分、何等分などを理解していないと、料理もお菓子も作れません。実際に量ることで子どもたちも量をイメージしやすくなるので「水180mL」「砂糖15g」など子どもにどんどん量らせてください。料理は複数のことを同時に行う難解な作業。どういった段取りでやれば効率よくできるか考える、"算数脳"を鍛える作業です。筋道をたてて物事を考える力は、プログラミング的思考にもつながります。

牛乳 = 計量カップ

たまご = はかり

さとう = 小さじ
　　　　　大さじ

体積と重量は
同じかな〜?

四角形に隠れた三角形の存在を知って、図形と親しくなる

★ 図形の基礎である三角形に慣れ親しむ

算数の世界で図形の基礎は“三角形”と言われていますが、まわりを見てください。三角形はまずなく、世の中“四角形”だらけなんです！ そのため子どもたちは小学1年生で最初に図形として“三角形”に触れると「何、この形!?」と驚いてしまうんです。そこでぜひ、小さいころから意識して三角形に触れさせてください。食パン、スライスチーズ、はんぺん、油揚げ、こんにゃくを切って“四角形から三角形ができること”を見せてください。

四角が三角2こになったね！

三角形はどこに隠れてるかな？

NOTE

片づけや整理整頓が上手になると
情報処理能力も身につく

★ 読解力にもつながる片づけと整理整頓

小学校1年生の1学期に学ぶ「仲間わけ」は、集合の概念や分類につながります。グラフを作ったり、統計を作成したり、データから傾向を解析したりなどの情報処理のための第一歩です。これも、家庭で育むことができる能力。小さなころから整理整頓のお手伝いをさせているといつしか"解ける力=情報処理能力"がついています。たとえば山積みの洗濯物。それを家族別に分け、次に下着、Tシャツ、ズボンに分けてたんすにしまう……これは立派な"算数脳"を鍛えるトレーニング。洗濯物に限らず、靴箱や納戸の中を子どもと一緒に仲間分けしながら整理してみてください。

> # 車のナンバーで、たし算ひき算かけ算わり算を訓練すると脳のワーキングメモリが育まれる

✱ 文章題を解くのに必要なワーキングメモリ

「ワーキングメモリ」は、簡単に言うと一時的な記憶のこと。たとえば子どもが学校から帰ってくると親は「プリントは？ 連絡帳見せて。宿題はやった？」と聞きますが、このとき子どもは3つの質問を瞬時に記憶し、ワーキングメモリを使って答えます。ところがこのワーキングメモリの容量が小さいと最初の「プリントは？」という質問しか記憶できません。ワーキングメモリは単純な計算を繰り返すことで鍛えられます。

合わせるけど足せないものがあることを知って、読解力を磨く

★ 子どもは「合わせる」と聞くと、すぐ足し算をする

3mのひもと2mのひもを合わせたら「3＋2＝5」で5mになります。しかし50℃のお湯と20℃の水を混ぜ合わせても70℃にはなりません。おとなは経験で知っていますが、子どもは「50℃＋20℃だから70℃！」と真剣に本気で思っています。確かに問題では"合わせる"といっているのですが、足し算にならないですよね。ぜひ実際に50℃のお湯と20℃の水を足して熱くならないことを体感させてください。

50℃と20℃の水を
合わせると何℃になる？
たし算でいいのかな？

"重ねる"も子どもには難しい言葉じゃ

思っている以上に
子どもには伝わらない
言葉が多いよ

問題できた?と確認するときは子どもに 「どうやって解くか教えて」と聞くといい

★ 説明する力が本物の算数脳を育む

問題につまずいたとき、おとなは"上から目線"で教えるのではなく、一緒に解こうという姿勢を忘れないでください。そして解けたら今度は「ママにどうやって解いたらいいか教えて!」と言いましょう。そうです、子どもに先生役をやらせるのです。子どもは喜んで教えてくれますよ。きちんと人に説明できてこそ理解している証拠。しかも、"人に教える"ことは自己肯定感を育みます。だからこそ"教えて!"という確認作業が大切なのです。

アクティブ
ラーニングにも
なるよ!

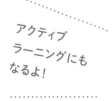

おとなの方へ

おうちでやることが多くて、
ゾッとしている？

でも、学校だけでは
令和の算数脳は育たないんじゃよ

4年生からの算数で
つまずかないためにも、
3年生までの
経験が重要なのじゃ！

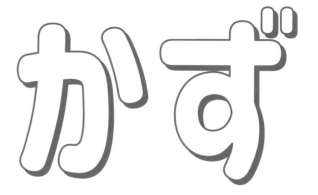

かず

令和の算数では計算が主流でなくなったと
はいえ、計算ができなければ読み書きがで
きないようなもの。算数の土台である「数」に
親しんで算数脳を育みましょう。

数と計算じゃよ

仲間づくりと数

小学1年生で最初に習うのは「1+1=2」などの計算式ではなく"仲間づくり"。計算じゃないと焦る親もいますが、これは集合や統計、情報処理を理解するための大切な概念です。おろそかにしてはいけません。

問 題 下の絵を見て、①から③の問題に数字で答えましょう。

①たべものはぜんぶでなんこありますか？　答え _____

②くだものはぜんぶでなんこありますか？　答え _____

③やさいはぜんぶでなんこありますか？　答え _____

答え　① 10こ　② 3こ　③ 3こ

1年生最初の算数では、数式は出てこないのじゃ

侮るとあとで痛い目に遭う "仲間づくり"の学習

小学校に入学し、いちばん最初に習う算数は、足し算・引き算ではなく、「仲間づくり」。同じ特徴を持つもの同士を仕分けする問題です。しかし多くのおとなたちは「え!? こんなの算数の問題じゃないじゃない! 知育遊びでしょ?」と思ってしまい、仲間づくりの学習をおろそかにしてしまうのです。これが後日、大きな落とし穴となって子どもたちを苦しめます。何しろ「仲間づくり」をしっかり学んでおかないと4年生で習う「ベン図」(中学受験の必至項目)でつまずき、果ては高校1年生で習う「集合」「統計」でも手間取るようになります。"たかがこんな問題"と侮っていたものが10年先まで影響を及ぼすんですよ。

ほかにどんな分け方があるかな〜?と聞いてみよう

仲間づくりと数

問題 下の絵を見て、①から⑤の問題に数字で答えましょう。

① ズボンをはいている子　　答え

② スカートをはいている子　答え

③ 帽子をかぶっている子　　答え

④ 帽子をかぶっていない子　答え

⑤ 帽子をかぶって、
　 めがねをかけている子　　答え

● 単純な仕分けからランクアップ！

基本編になると分け方が非常に細かくなるため、子どもは混乱します。しかしこうした問題に繰り返し挑戦することで、確実に仕分けする力がついていき、情報処理能力が身についていきます。また、こうした問題を通して子どもたちは“多様性”も学んでいます。

人も動物も
1つにはくくれない
んじゃな！

032　答え　① 6人　② 4人　③ 3人　④ 7人　⑤ 2人

(問)(題) 下の絵を見て、①から⑥の問題に数字で答えましょう。

①ボールを持ってる子

　　答え ─────────────

②バットを持ってる子

　　答え ─────────────

③ボールを持っていない子

　　答え ─────────────

④バットを持っていない子

　　答え ─────────────

⑤ボールもバットも両方持ってる子

　　答え ─────────────

⑥ボールもバットもどちらも持っていない子

　　答え ─────────────

(答え) ①4人 ②7人 ③6人 ④3人 ⑤4人 ⑥3人

位置はどこ？

"考える算数"では「なか、そと、うえ、した、まえ、うしろ、みぎ、ひだり」をしっかりと、そして即座に判断できるようになっておかないと、そもそも問題を理解できなくなってしまいます。

なか
そと
うえ
した
まえ
うしろ

位置を表す基本の8語はしっかり身につけよう

"位置"を覚えることは、"考える算数"にとって必要不可欠。何しろ「なか、そと、うえ、した、まえ、うしろ、みぎ、ひだり」の8語は算数の問題に頻繁に出てくる言葉。理解していないと「左から3番目の子に○をつけなさい」という問題も解けません。そのため"位置を表す基本の8語"は必ず覚えさせましょう。ただし、子どもは2つのことをいっぺんに覚えられません。"右"を完璧に覚えるまでは"右"のことだけを教えて。「右と左、どっち？　違う違う、それは左、右はこっち！」というような教え方をしているといつまでも覚えられないのです。

右手に「みぎ」と書いたテープを貼ると覚えるよ

みぎ
ひだり

問題 たなにいろいろなものが入っています。①から③の問題に答えましょう。

① サッカーボールの
1段上のものは何ですか?

答え
- -

② ロボットの上にあるものは
何ですか?

答え
- - - - - - - - - - - - - - - - - - -

③ はさみの2段下のものは
何ですか?

答え
- -

● 位置を言葉で表現できる力をつける

こうした問題をきちんと解けるようになると「Aは前から3番目」「Bは後ろから数えて4つ目」など言葉を使って説明できるようになります。このように位置を言葉で説明できるようにならないと、この先出てくる算数の文章問題が理解できなくなってしまいます。

ものと自分の
位置関係も重要な
ポイントじゃ

答え ① すいとう ② えんぴつとくまのぬいぐるみ ③ くつした

位置はどこ？

（問）（題）下の図を見ながら、①から⑥の問題に数字で答えましょう。

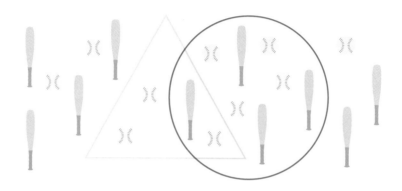

①△の中のボール　　答え ‗‗‗‗‗‗‗‗‗‗

②○の中のバット　　答え ‗‗‗‗‗‗‗‗‗‗

③△の外のボール　　答え ‗‗‗‗‗‗‗‗‗‗

④○の外のバット　　答え ‗‗‗‗‗‗‗‗‗‗

⑤△の中にあって、○の中にも
　あるバット　　　　答え ‗‗‗‗‗‗‗‗‗‗

⑥○の中にあって、△の外に
　あるボール　　　　答え ‗‗‗‗‗‗‗‗‗‗

● 「なか」と「そと」を理解してこそ解ける

この問題も「なか」と「そと」の概念がわかっていないと解けない問題です。しかもちょっと算数っぽくない問題ですよね。でもおとなならわかるように、集合では非常によく使われる図です。将来につながる大切な基礎を学ぶ問題なので疎かにしてはいけません。

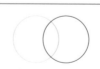

これをベン図といって、集合に使われる大事な概念だよ

（答え）　①3　②4　③7　④6　⑤1　⑥4

問題

交差点の○は右に曲がります。△は左に曲がります。男の子がさいごに着く建物はどれですか。（　　）に○を書きましょう。

●ビジネスにも役に立つ "多面思考力"を磨く

同じ位置でもこちらは"視座の変換"が問われる問題。同じものを見たとき、自分の位置からだけでなく、相手の立ち位置から見るとどう見えるかという多面思考や俯瞰で見る力を養います。これらは、プログラミング（78ページ）にもつながり、今、生きていくうえで欠かせない力と言われています。

考え方と答え

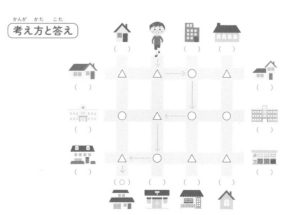

何個と何個目

きそ

「何個」「何個目」は、位置の概念を理解していることに加え、1〜10の数を本当に理解していないと解けません。そのため数えることに慣れていない子がひっかかりがちな問題です。

問題 下の問題を読んで、色をぬりましょう。

① 前から4台

② 前から4台目

●1文字違うだけで子どもは混乱

2つの問題文はそっくりで、1問目と2問目の違いはたった1文字「目」があるかないか。しかしそれぞれ導き出す答えは違います。でもこれはおとなだからわかること。子どもはこのたった"1字違い"にも惑わされます。「前から4台」と「前から4台目」の違いを教えてください。

答え

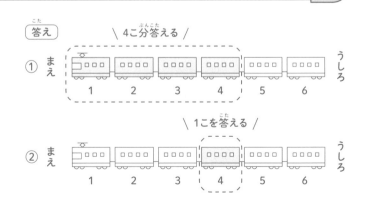

\ 4こ分答える /

① まえ
1　2　3　4　5　6
うしろ

\ 1こを答える /

② まえ
1　2　3　4　5　6
うしろ

問題 子どもが7人います。りほちゃんは前から3番目です。後ろから数えると何番目ですか?

うしろ

まえ

りほちゃん

答え _____

● 「全体の数」という概念が出てくる

子どもにとってこの問題のハードルは、「全体の数」と「順番の数」の2つが出てくること。低学年くらいだと「全体の数」と「順番の数」がごっちゃになることがあるので、この違いを目に見える絵や図で確認しながら教えてみましょう。理解が深まります。

順番の数にとらわれないでまず全体の数を把握することが大事だよ

答え 5番目

合わせていくつ

きほん

「合わせていくつ」は単純な足し算の問題です。しかしなかには問題文が子どもを混乱させるようなものもあります。解くためには"誰を基準にしてほかの人が持っているシールの数"を探り当てるか、です。

問題

①弟はシールを3枚持っています。兄は弟より2枚多く持っています。
兄はシールを何枚持っていますか？

答え
_____

②弟はシールを3枚持っています。兄は弟より2枚多く持っています。
2人合わせて何枚のシールを持っていますか？

答え
_____

③弟はシールを3枚持っています。兄は弟より2枚多く持っています。父は兄より2枚多く
持っています。父は何枚シールを持っていますか？

答え
_____

④弟はシールを3枚持っています。兄は弟より2枚多く持っています。父は兄より2枚多く
持っています。3人合わせて何枚シール持っていますか？

答え
_____

●「弟」を基準にして考えよう

弟、兄、父と3人の登場人物が出てきますが、持っているシールの枚数がわかっているの弟だけ。ですから「弟」を基準にして"なぞ解き"していきましょう。

令和の算数は
簡単な足し算も
文章題で出る
ことが多いよ

答え

①3+2=5　答え：5枚
②まず兄の数を出す→3+2=5
次に兄弟の数を足す→3+5=8　答え：8枚
③まず兄の数を出す→3+2=5
次に父の数を出す→5+2=7　答え：7枚
④まず兄の数を出す→3+2=5
次に父の数を出す→5+2=7
全員の数を足す→3+5+7=15　答え：15枚

学年が上がると折り紙をどうやって折るかではなく、
「折った折り紙の展開図を描きなさい」
という難解な"逆思考問題"も出てくるよ

(問)(題) ジュースを3本飲みました。まだ5本残っています。
はじめに何本ありましたか?

こた
答え _ _ _ _ _ _ _ _ _ _ _ _ _ _ _ _

● "逆思考"を鍛える問題

飲んで残った本数を求めるのではなく、
はじめにあった本数を求める"逆思考"
の問題です。逆思考の問題は、"考える
算数"にとっては必修問題のようなもの
で、必ず出てきます。小学生のうちから
何度も挑戦して慣れておくことが大切。
これからのグローバル社会を生きていく
うえで欠かせない"視点の変換"が身に
つきます。

(考え方)

| はじめに
あった本数 | − | 3本
飲んだ | = | 残りが
5本 |

| はじめに
あった本数 | = | 残りの
5本 | + | 飲んだ
3本 |

| はじめにあった本数 | = | 8本 |

(答え) 5+3=8 8本

残りはいくつ？

2つあるものの量の差や残りを求める"引き算"の考え方を身につける問題です。比較的簡単で理解が早くできる問題ですが、問題文から式を導き出すのが苦手なお子さんはじっくり取り組んで。

問題 いぬが5匹います。ねこが3匹います。どちらが何匹多いですか？

答え _____

●「●匹」だけ答えたら不正解

犬と猫の数の差を求めている問題で、解き方はとても簡単です。犬の数と猫の数を数え、多い数から少ない数を引けばいいだけ。しかり問題文は「どちらが何匹多いか？」を聞いているので、ただ「●匹」と答えてはバツになってしまいます。必ず「犬の方が●匹多い」か「猫の方が●匹多い」と問題に合った答え方をしましょう。

文章で答える問題だよ

答え 犬の方が2匹、猫より多い　5-3=2

(問)(題) 子どもが7人います。いすが5個あります。
1人が1個のいすに座るといすはいくつたりないですか？

答え
- -

● 図にして解く

前ページと同じ差を答える引き
算の問題なのに、前ページの問
題は「どちらが多いですか？」
と聞き、この問題は「いくつた
りないですか？」と問いかけ方
が変わっています。たかがこれ
だけのことでも、子どもは混乱
しますので、右の図のように子
どもとイスを線で結びながら取
り組んでみてください。

(考え方)

子どもといすを
線で結ぶと
わかりやすいよ

(答え) いすは2個たりない　7−5＝2

かけられる数とかける数

🚩 きそ

昔はそんなことはありませんでしたが、今はかけ算の文章問題のとき、「かけられる数」と「かける数」を間違えてしまうとバツにされます。答えが合っているだけにおとなも混乱します。

問題

①えんぴつを2人に5本ずつ配ると
何本必要?

答え _____

②5人にえんぴつを1人2本ずつ配ると
何本必要?

答え _____

●答えの単位が計算式の最初にくるように

1問目はえんぴつの本数を聞いている問題であって人数を聞いている問題ではありません。そのため問題文の流れ通り「2人×5本=10本」と書くと、答えは合っていても式が間違っているためバツになります。つまり「5本×2人=10本」が正しい式と答えになるということです。

必ず単位を意識して！答えの単位が先です

考え方と答え
①5本×2人=10本　→5×2=10　　②2本×5人=10本　→2×5=10

おとなには難しい、算数特有の考え方がこれ！

a

10本のえんぴつを2人で分けると
1人何本ずつですか？

この問題の数式と答え

10本÷2人＝5本

b

10本のえんぴつを2本ずつ
分けたら何人に配れますか？

この問題の数式と答え

10本÷2本＝5人

どちらも10÷2＝5で同じ答えだが、これを掛け算にすると

a

44ページの①と同じ問題になったよ！

えんぴつを
2人に5本ずつ
配ると何本必要？

この問題の数式と答え

5本×2人＝10本

b

44ページの②と同じ問題になったよ！

5人にえんぴつを
1人2本ずつ
配ると何本必要？

この問題の数式と答え

2本×5人＝10本

だから44ページの問題①は
2×5＝10と答えるとバツがつくし
問題②は5×2＝10と答えると
バツになるんだよ

●あまりを考える問題が解けなくなるかも

「答えが同じなんだからどっちが先だっていいじゃない！」と思うかもしれませんが、「かけられる数」と「かける数」をきちんと理解していないと、あまりが出る計算や5年生になって割合や速度を勉強する際に、つまずいたり、理解に時間がかかってしまいます。

あまりを考える

3年生になって割り算であまりが出る問題に子どもたちは出会います。
ものを分けるとき、必ずしもぴったりに分けられるわけじゃないことを
このあまりが出る計算で学びます。

問題 ケーキが23個あります。1箱に4個のケーキを入れていきます。
全部のケーキを入れるには、箱はいくつあればいいでしょうか?

答え _____

あまりが出る問題じゃ。
あまりを入れる箱はどうしたらよいかな？

実は奥が深い！ あまりを考える問題

"あまったものはどうしたらいいか"と考えさせる問題です。ここでは、ケーキが3個あまりました。では、このあまった3個は箱に入れず、むき出しのままでいいかというと、違いますよね。あまった3つのケーキ用にもう1箱必要になるわけです。このとき、きちんと単位を意識して計算しないと、箱の数を導くことが難しくなります。44ページで「単位を意識して掛け算しましょう」と言ったのは、このような問題で戸惑わないため。ただの割り算の文章題ではなく、あまりをどうしたらいいのか子どもに考えさせる……奥が深い問題なんです。

考え方

$$23 個 ÷ 4 個 = 5 箱あまり 3 個$$

⬇

あまった3個を入れる箱がもう1個必要だから？

⬇

$$5 箱 + 1 箱 = 6 箱$$

答え　6箱

> "あまったから終わり！"
> じゃなく
> "あまったらどうするの？"
> までを考えるんだよ

かたち

高学年になると図形の単元がぐんと増加します（13ページ参照）。算数ぎらいな子どもが増え始めるのもこの頃。だからこそ、5歳くらいから図形と慣れ親しむことが大切です。

図形じゃよ

ボク、
折り紙
大好き〜

形と仲よくなる

算数の中でも苦手意識を持ちやすい"図形"。苦手意識を持たないためにも、家で"形遊び"をたくさんさせましょう。その"遊び"が将来の多面思考力や空間認識力の習得に役立ちます。

図形脳を育むには、
パズルやつみ木で遊ぶのが近道だよ

平面図形に親しむならこの2つ

パズル

「タングラム」や「パターンブロック」「算数パズル」などを使って遊んでみましょう。これらは図形脳を育み、やればやるほど4年生以降の図形でつまずきにくくなります。

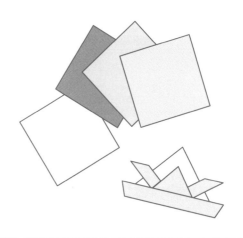

折り紙

折り紙は、繰り返し行うことで6年生で出てくる高度な図形問題に対応できる力がつきます。ただ折るのではなく、正方形を半分に折ると長方形、斜め半分に折ると直角二等辺三角形になることを教えながら折るといいですよ。

3年生になってからでも遅くない!

図形問題が出てきた途端、頭の中にシャッターを下ろしてしまう小学生はたくさんいます。計算と違い、そのくらい苦手意識を刺激する単元ですが、多面思考力、空間認識力など生きていくうえで必要な力を育む重要な単元なのです。図形脳は体験でしか身につかないため、小さいころから形に親しませることが理想ですが、3年生からでも間に合います。"図形に親しむ3大アイテム"＝パズル・折り紙・つみ木で遊ばせてください。「こんなもので!?」と思うかもしれませんが、6か月ほど楽しくやらせることで確実に図形脳は育まれます。何しろこの3大アイテムを使えばおとなだって図形脳が磨かれますから。子どもなら、すごいスピードで力をつけていきますよ。

立体図形 に親しむならこれ

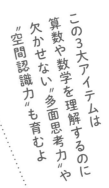

この3大アイテムは算数や数学を理解するのに欠かせない"多面思考力"や"空間認識力"も育むよ

つみ木

立体であるつみ木で遊ぶと目に見えない部分にも線や角があることを実感できます。立体を理解するうえで欠かせない多面思考力（いろいろな方向、角度から物事を見る）がつきます。幼稚園のころはさまざまな形のつみ木で、小学校に入ったら立体図形の基本である立方体のつみ木で遊ぶようにしてください。

三角パズルで遊ぶ

平面図形の中でも重要なもののひとつといわれる直角二等辺三角形。小学2年で習いますが、中学受験に出てくる図形なため、低学年のうちに体験しておくことが大切です。

直角二等辺三角形パズルを使って四角形を作ってみよう!

★直角二等辺三角形パズルの作り方

直角二等辺三角形のパズルを子どもと一緒に作ってみましょう。自分で作ることで、図形に対する理解も深まります。方眼紙は100円ショップにありますよ。

①方眼紙に正方形の折り紙を貼る。

②正方形を切り取り、対角線で半分に切る。

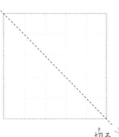

切る

③繰り返して、10枚の直角二等辺三角形を作る。

● 直接触れることが深い理解につながる

直角二等辺三角形のパズルを使ってさまざまな形を作ることで、"いろいろな形が直角二等辺三角形から作られていること"を学びます。この子どもに体感・実感させて覚えさせることが大切! ただテキストを解くよりもぐっと早く、深く理解します。

直角二等辺三角形とは?

三つの辺のうち二辺が同じ長さで、3つの角が45度×45度×90度の三角のこと

ちょっと
応用

「辺・頂点・角」という
言葉も覚えよう

最初は本を見ながら同じ形を作ってみよう！

 を2枚だと？

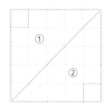

\平行四辺形や台形も四角形だよ/

 を4枚だと？

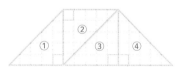

 を8枚だと？

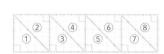

「ほかには？ ほかには？」
と聞いて、自由にどんどん
四角形を作らせましょう

053

三角パズルで遊ぶ

きそ

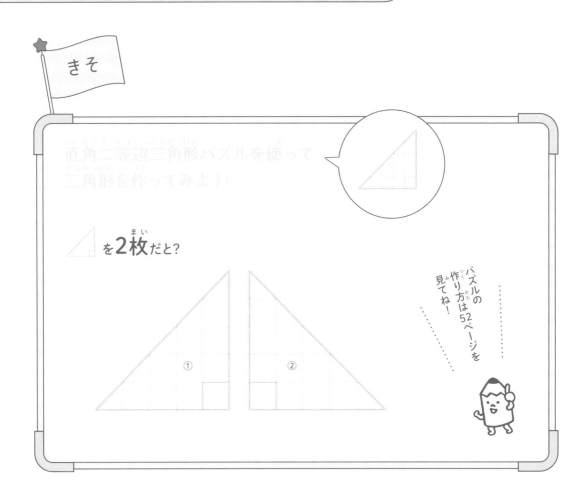

直角二等辺三角形パズルを使って
三角形を作ってみよう！

を**2枚**だと？

① ②

パズルの作り方は52ページを見てね！

●三角形への理解をより深めるための問題

図形が苦手な子どもは、パズルを回転させて使う発想がなく、途方に暮れることがほとんど。そのような子どもに向かって闇雲に「4枚で三角形を作りなさい」と言ってもダメ。最初は、見本と同じように作らせてください。見本を見ながら作ることによって、パズルを回転させることを体感し、視点の変換を覚えるようになります。

最初は
本を見ながら
同じ形を
作ってみよう！

最初は本を見ながら同じ形と作ってみよう！

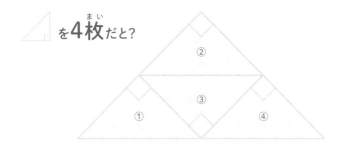

を**4枚**だと?

を**8枚**だと?

を**9枚**だと?

8枚から9枚に
増えると難しいよ！
できるかな～？

「ほかには？
ほかには？」と
聞いて、自由に
どんどん三角形を
作らせましょう

三角パズルで遊ぶ

きほん

(問)(題) 4枚の三角パズルで下の形を作りましょう

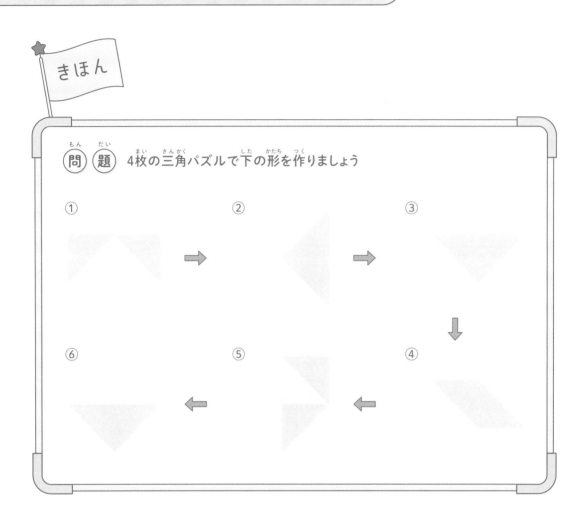

①　　　　　　　②　　　　　　　③

→　　　　　　→

↓

⑥　　　　　　　⑤　　　　　　　④

←　　　　　　←

わかったかな？
右のページを見て
やってみよう！

三角パズルを
自由に使える力を
つける

いきなり解くのは難しいので、最初は、答えを見ながら、同じようにパズルを動かしましょう。"回して動かす""向きを変える"を実感できるようになれば、理解が深まり、どんどん図形が好きになるはずです。

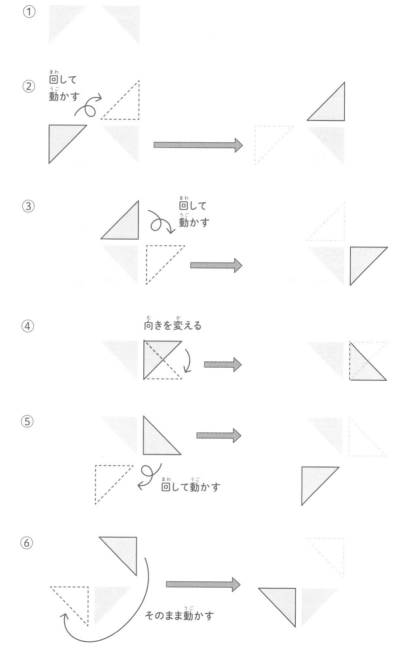

①

② 回して動かす

③ 回して動かす

④ 向きを変える

⑤ 回して動かす

⑥ そのまま動かす

三角パズルで遊ぶ

ちょっと
応用

いろいろな形パズルを使って三角形や四角形を作ろう！

★ いろいろな形パズルの作り方

52ページで直角二等辺三角形のパズルを作ったのと同じように、さまざまなタイプの三角形があるパズルを作ってみましょう。自分で作ってみることでいろいろな三角形があることを実感させてください。

①下の図を好きな大きさに拡大コピーして、厚紙に貼りつける。

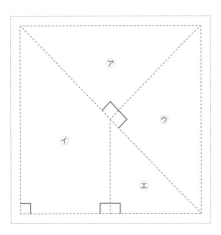
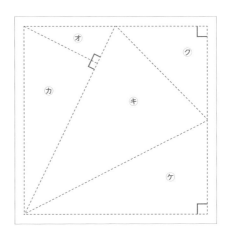

②点線に沿って切り取る。

● 直角二等辺三角形以外も知る重要性について

小学校では直角二等辺三角形のプレートを使って三角形を学びます。そのため子どもは三角形＝直角二等辺三角形だと思い込みがち。でも実際は、正三角形もあれば、二等辺三角形や鋭角三角形、鈍角三角形もあります。このパズルを使っていろいろな三角形があることを体感させましょう。

図形も多様性に
あふれているぞ

作ったいろいろな形パズルで下の図と同じ形を作ってみよう

① ② ③

④ ⑤ ⑥

⑦ ⑧

形ともっと
仲よくなろう

つみ木で遊ぶ

つみ木は「ものを一定の向きから見たとき、図形の形はどうなるか」を養います。一見、単純な問題に見えますが、"見えていないつみ木がある"ことを子どもが理解できないと解けない問題です。

きほん

下の図と同じようにつみ木を積んでみよう

①下の段

まず下の段を作ります。右の見本を見ながら、同じようにつみ木を置きましょう。

③できあがり!

②上の段

下段のつみ木⑦と⑦それぞれの上につみ木を1つずつ重ねましょう。

⑦

⑦

右から見ると……

●いろんな方向から見るクセをつける

解き方を覚えさせる前に、とにかくつみ木で遊ばせてください。立体の成り立ちや見えない線が見えるようになります。同時に普段から1つのものに対し「右から見るとどう?」「左から見ると?」「上から見ると?」とさまざまな角度から見る練習を。多方向から見るクセがつき、角度によって見える形が異なることを体験として学びます。

問題 上のつみ木と同じ数のつみ木を線で結びましょう。

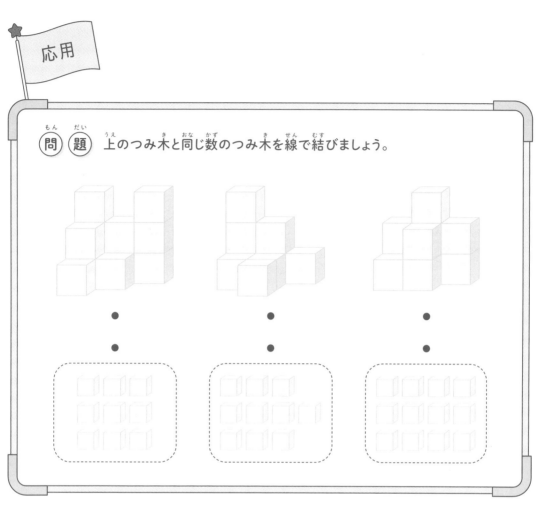

答え

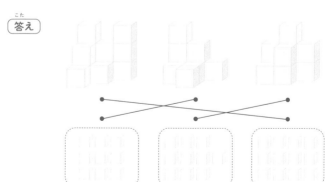

つみ木で遊ぶ

ちょっと
応用

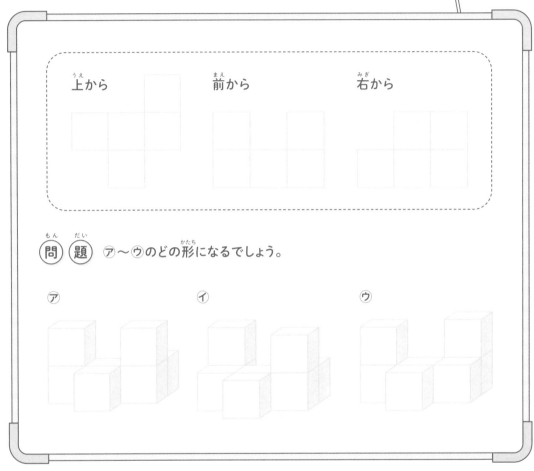

上（うえ）から　　前（まえ）から　　右（みぎ）から

問（もん）題（だい）　ア〜ウのどの形（かたち）になるでしょう。

㋐　　　　　㋑　　　　　㋒

●多面思考力を働かせて解こう

いろんな方向から見るクセがしっかりとついていれば解ける
問題です。この問題を解くとき、子どもたちは「上から見た
ときはどんな見え方をするか？」「前から見たときは……」
と一生懸命、頭の中で視座を変換しながら考えます。そのた
め多面思考力が鍛えられ、さらには培われる問題です。

見る方向によって
見える形が違うぞ

答（こた）え　㋒

応用

問題 積み上げたつみ木を上から見ると下の図1のように見えました。
また前から見ると図2のように、右から見ると図3のように見えました。

図1

あ

図2

図3

上↓
前↗ ←右

このとき、つみ木の形として正しいものを⑦～⑤の中から1つ選びなさい。
ただし、真上から見た図1では、左上にくるところをあとしています。

⑦
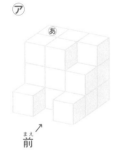
あ
前↗

④

あ
前↗

⑦

あ
前↗

⑤

あ
前↗

実際につみ木を積んで
たしかめることが重要だよ

答え
- - - - - - - - - - - - - - - - - - -

箱で遊ぶ

きそ

1年生で身の回りにどんな立体があるかを学び、2年生で立体がどのように作られているかを学びます。立体の構成をきちんと知っておかないと4年生で習う「箱の形を調べよう」が理解できなくなってしまいます。

四角形を組み合わせて箱を作ろう

どんな形に切るといいかな?

「箱はどのように作られているか?」「四角形をどう組み合わせたら箱が作れるのか?」を考えることで、面と面のつながりや位置関係がわかるようになります。最初のうちは実際にやってみるといいでしょう。

箱を作るには
四角形が
何枚必要かな?

● 身近な立体を実際に切ってみよう！

いきなりはさみを入れるのではなく、太線部分にはさみを入れたらどうなるか、まず子どもに予想させてみましょう。それから実際に切ってみる。そして結果を知る。この3ステップを踏むことで、図形脳と先を見通す力は鍛えられます。

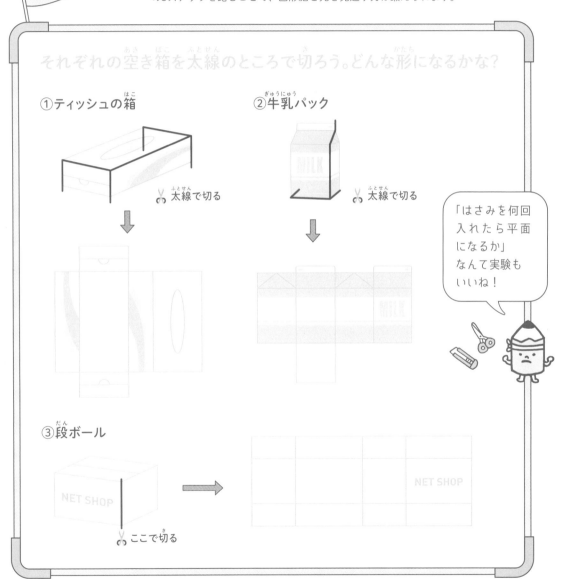

それぞれの空き箱を太線のところで切ろう。どんな形になるかな？

①ティッシュの箱

✂ 太線で切る

②牛乳パック

✂ 太線で切る

「はさみを何回入れたら平面になるか」なんて実験もいいね！

③段ボール

✂ ここで切る

NET SHOP

NET SHOP

箱で遊ぶ

（問）（題） 下の形を組み立てて箱の形になるものはどれですか？

　ア　　　　　　　　　　　　イ

　　　　　　ウ

●同じ展開図を作ろう

今度は展開図から立体に組み立てる問題です。図形脳が育まれていれば簡単に解けます。とはいえ問題を解くだけでは図形脳は身につきません。多面思考力や俯瞰で見る力、見えない線が見える力などの図形脳は体験値が多いほど発達するからです。ひと手間かかりますが、同じ展開図を作って親子でどれが箱になるか実験してみてください。分解して組み立てる、組み立てて分解する。この実体験こそが図形脳を育むのです。

いらない面やおかしな
面に気づけるかな

（答え）　イ

ア　この面がいらない

ウ　この面の形が違う

ﾟ 4年生以降で、こんな問題が出ます ﾟ

(問)(題) 図1のような箱があります。
次の問いに答えなさい。

図1

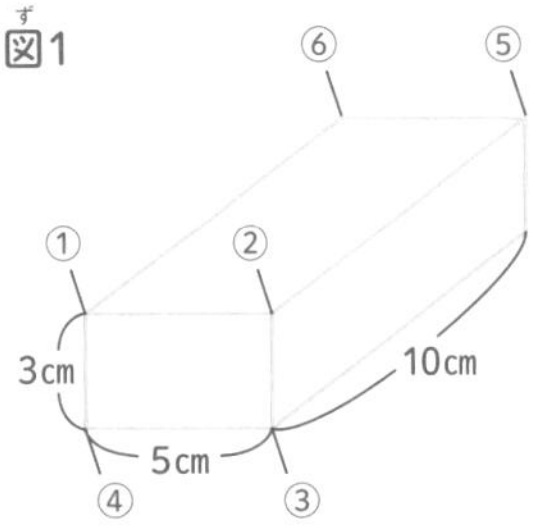

3cm
10cm
5cm
① ② ⑤ ⑥ ③ ④

(1)この箱を開くと
右の図2のように
なりました。図1の
①〜④の点が図2
のようになるとき、
①②⑤⑥の点で囲
まれる面はあ〜え
のどれですか?

図2

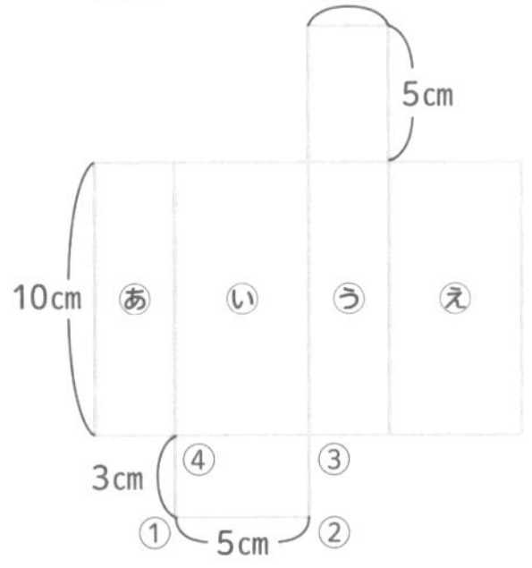

3cm
5cm
10cm
あ い う え
3cm
① ④ ③ ②
5cm

図3

あ
い う
3cm
え お
5cm 10cm
3cm
か
5cm
き く

(2)右の図3には、図1の形になるように組み立てる
ために取り除かなければいけない面が2つありま
す。その面はあ〜くのどれとどれですか? 答えが
何通りか考えられるときは1通りだけ答えなさい。

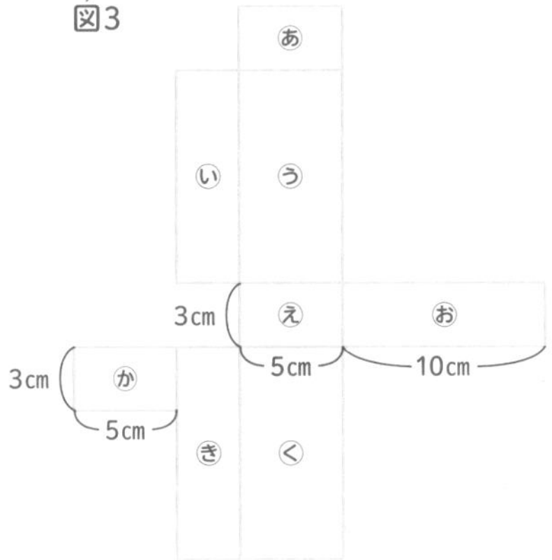

○力をつけておけばつまずかない

複雑に思える展開図の問題も、3年生までに多面思考力と空間認
識力を磨いておけば高学年になったとき、つまずくことなく解け
る力がついています。だからこそつみ木やパズルでとことん遊ん
でほしいんです。

(2)はほかには
かといも
答えになるよ

(答え) (1)え (2)か、き

折って切って開くと？

問題 正六角形の紙に次のような操作を行います。

操作 図1の点線で半分に折ってから図2の点線で両側の正三角形を真ん中に折り重ね図3のような正三角形にする。

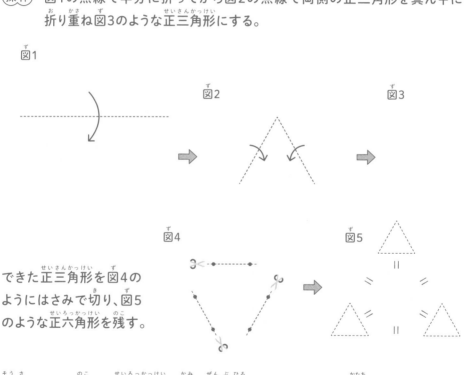

図1

図2

図3

図4

図5

できた正三角形を図4のようにはさみで切り、図5のような正六角形を残す。

操作のあとに残った正六角形の紙を全部広げます。どのような形になりますか？
答えのところに書いてある正六角形をはじめの正六角形として、広げた紙の形を書きなさい。

*2017年度 筑波大学附属駒場中学校入試問題（改）

誰もが鍛えられる4つの力

小学生の間にきちんと図形脳が養われているかを確認するため、中学受験において高確率で出される"複雑そうに見える図形の問題"。解くためには高度な多面思考力（視座を変換する力と俯瞰で見る力）・空間認識力・見えない線が見える力の4つが求められます。この4つの力は特殊な才能ではなく、誰もが鍛えられるもの。何しろ実はこれ、折り紙で実際にやってみると小学校1年生でも解ける問題なんですよ。

左ページの答え

この図に答えの形を書き込む

答えの導き方

切って折ったのと逆の順序で紙を広げ、答えの形を導く

緑の線が答え

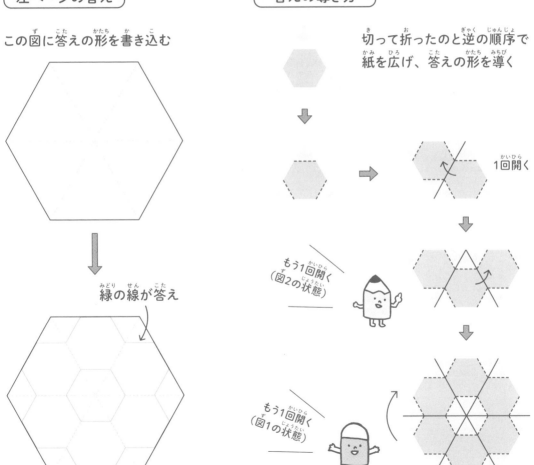

069

PART
5

すいり

これからの時代を生き抜くために必要不可欠な論理的思考力や情報処理能力を養う推理。問題を見るときっと「一体これのどこが算数なの?」と思うようなものばかり。でもこれも立派な算数なんです。

測定、変化と関係、データの活用じゃ

計算なんか
ほとんど
出てこないよ〜

比べる

★ きほん

論理的思考や情報処理の基本となる概念が「比べる」。子どもは2つの
ものの大小を比較することはできますが、3つ目が加わった途端に混乱
します。最初は、順序立てて根気よく理解させましょう。

問題 いちばん重いネコはどれでしょう。（　）に○を書きましょう。

答え

トラネコは
重いのか？
軽いのか？
どっちじゃ？

答えの導き方

①シロネコ　はクロネコ　より重い

②ミケネコ　はシロネコ　より重い

ということは ミケネコはクロネコより重い

ということは クロネコとシロネコとミケネコの中でいちばん重いのはミケネコ

③トラネコ　はミケネコ　より重い

ということは?

答え

（　　）

（　　）

（　　）

（　○　）

あせらず、
落ち着いて！
順番に考えれば
簡単だよ！

1つずつ条件を整理して考えよう

1年生くらいの子どもだと4匹もネコがいる時点で「わ～！　できないよ、わかんない！」となりがちです。まずは落ち着かせ、わかる条件を1つずつ紙などに書き出して整理させましょう。整理をすると少しずつ4匹の重さの関係性が見えてきます。このように条件を整理することは令和の算数を解くうえで計算以上に大切です。そしてこうした答えにたどり着くまでの工程が、論理的思考力＝物事を順序立てて整理し答えを出す力を育てるのです。

比べる

きそ

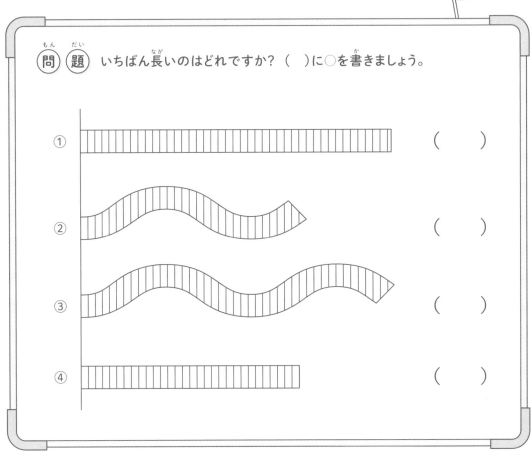

問 題 いちばん長いのはどれですか？（　）に○を書きましょう。

① （　　）

② （　　）

③ （　　）

④ （　　）

● 言葉で教えるよりもまず見せて

この問題は、曲がったリボンを伸ばすとどのくらいの長さになるか"推理"することが必要になってきます。しかし1年生くらいだと"曲がったリボンは伸ばすと長くなる"ということがわかりません。ただこうしたものはいくら言葉で教えても理解しづらいので、実際に曲がったリボンとまっすぐなリボンを用意し、どちらが長いかを見せてください。体験が大事！

曲がった線は
まっすぐの線より
長い？　短い？

答え　③

問題 ① いちばん長いのはどれですか?

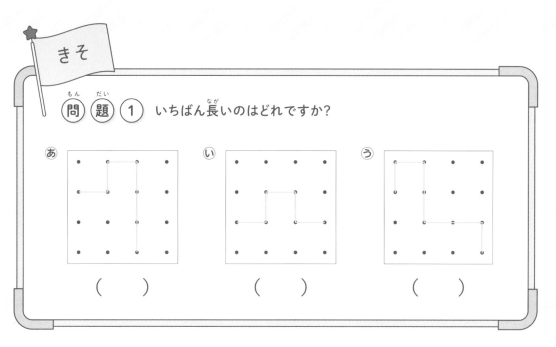

あ ( ) い ( ) う ( )

きほん

問題 ② いちばん短いのはどれでしょう?

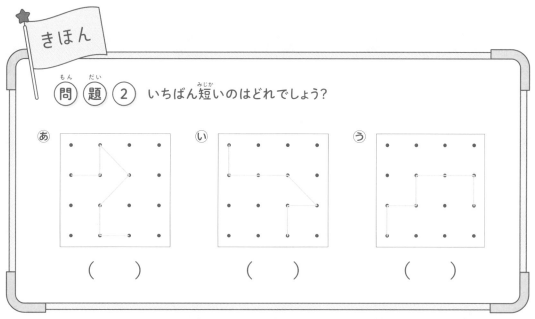

あ ( ) い ( ) う ( )

答え 1 う 2 う

比べる

（問）（題）けいたくんが、誕生日会のケーキを作ります。
これについて、あとの問題に答えましょう。

比べる知識
だけでなく
読解力も
必要だよ

けいたくんは誕生日会のケーキをおいしくしようと、工夫しています。

1回目：さとう2杯分と生クリームを入れました。
2回目：さとう2杯分と牛乳を入れました。

するとけいたくんは、2回目のケーキの方が1回目よりおいしいことがわかりました。
①1回目と2回目の違いは何ですか？

答え
- -

②次にけいたくんは、さとう1杯分と生クリームを入れてケーキを作りました。すると、このケーキ
がいちばんおいしくありませんでした。
さいしょに作った2つのケーキと比べたときに、わかることとして正しいものを次のあ～えか
ら選んで記号を書きましょう。

あ：生クリームを入れた方が、牛乳を入れるよりもケーキはおいしくなる。
い：さとうを減らすと、ケーキはおいしくなくなる。
う：生クリームを増やすと、ケーキはおいしくなる。

答え
- -

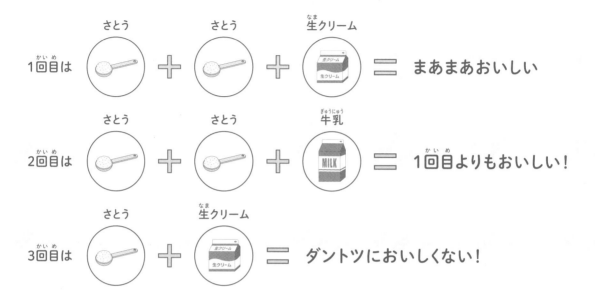

1回目は　さとう ＋ さとう ＋ 生クリーム ＝ まあまあおいしい

2回目は　さとう ＋ さとう ＋ 牛乳 ＝ 1回目よりもおいしい！

3回目は　さとう ＋ 生クリーム ＝ ダントツにおいしくない！

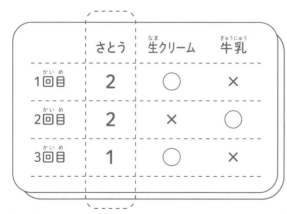

	さとう	生クリーム	牛乳
1回目	2	○	×
2回目	2	×	○
3回目	1	○	×

1回目と2回目はさとうの量は同じだから——？

3回やったケーキ作りの条件を整理しよう

もはや国語の読解力の問題。親世代は自分が習った算数との違いに驚くばかりだと思います。この問題は、3回のケーキ作りをしっかりと比較して情報を整理し、論理的な答えを導き出す"算数脳"を使うもの。基準となるものを見つけ（ここでは砂糖）、その違いは何かを考えれば答えが導けます。

ここで違いを見つけよう！

こた
答え ① 牛乳と生クリームの違い　② い

プログラミング

2020年度から小学校でのプログラミング教育が始まりました。算数ではプログラミング的思考力を学びます。必修項目ではないため、学校によっては、扱わないこともあります。

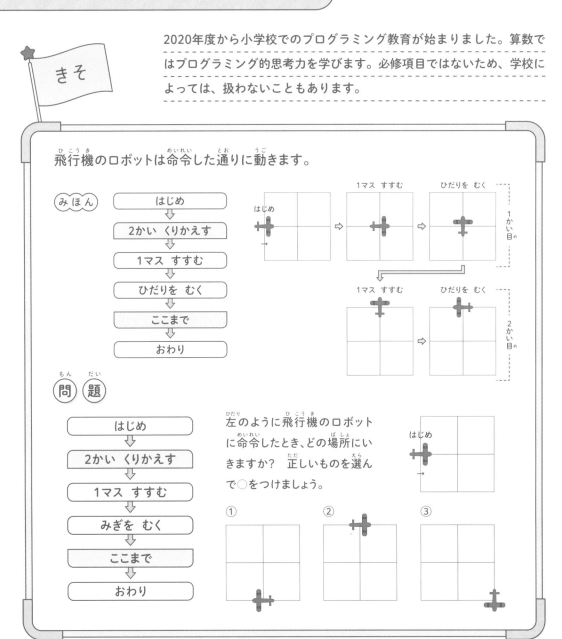

飛行機のロボットは命令した通りに動きます。

みほん

| はじめ |
| 2かい くりかえす |
| 1マス すすむ |
| ひだりを むく |
| ここまで |
| おわり |

1マス すすむ　　ひだりを むく

はじめ

1かい目

1マス すすむ　　ひだりを むく

2かい目

問 題

| はじめ |
| 2かい くりかえす |
| 1マス すすむ |
| みぎを むく |
| ここまで |
| おわり |

左のように飛行機のロボットに命令したとき、どの場所にいきますか？ 正しいものを選んで○をつけましょう。

はじめ

① ② ③

プログラミングからも学ぶ論理的思考力

プログラミング的思考とは、自分が意図する動きをコンピューターにさせるにはどのように命令し、どのような順序で行えばいいかを論理的に考える思考のこと。つまりはこの本に何度も出てくる"論理的思考力"をプログラミングによって身につけます。物事を順序立てて考え、試行錯誤・検証し、解決する力がこの先、いかに必要とされている能力かがわかります。

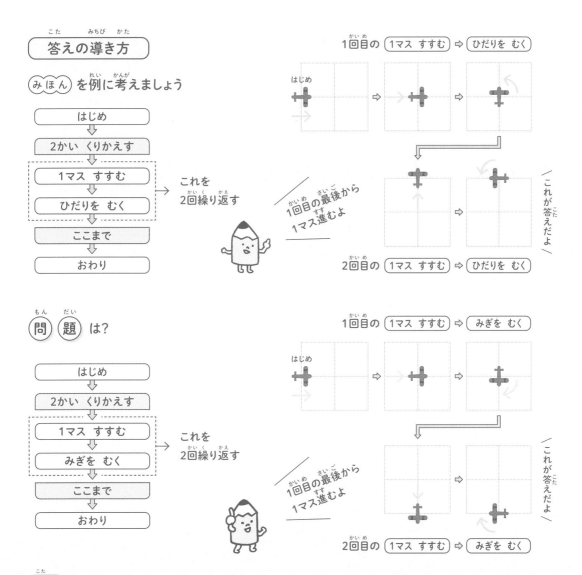

答えの導き方

みほん を例に考えましょう

はじめ

2かい くりかえす

1マス すすむ

ひだりを むく

→ これを 2回繰り返す

ここまで

おわり

1回目の (1マス すすむ) ⇒ (ひだりを むく)

はじめ

1回目の最後から1マス進むよ

これが答えだよ

2回目の (1マス すすむ) ⇒ (ひだりを むく)

問題 は?

はじめ

2かい くりかえす

1マス すすむ

みぎを むく

→ これを 2回繰り返す

ここまで

おわり

1回目の (1マス すすむ) ⇒ (みぎを むく)

はじめ

1回目の最後から1マス進むよ

これが答えだよ

2回目の (1マス すすむ) ⇒ (みぎを むく)

答え ①

079

整理して考える

推理という単元には"うそつき"問題があります。7ページでも"算数らしくない問題"の例として出しましたが、計算は一切必要なく、高い読解力と情報処理能力が必要とされます。

問題

かつのりくん、みのるくん、みかさん、あやさん、さとみさんの5人が背比べをして次のように言いました。ただし、あやさんだけはうそをついています。

あや　「わたしがいちばん背が高いよ」

みか　「わたしはかつのりくんより背が低いよ」

かつのり　「ぼくは、あやさんより背が高くないよ」

さとみ　「男の子と女の子が交互になったね」

5人を背の低い順にならべるとどのような順になりますか?

嘘をついているのはあやさんだけじゃ

●読解力と情報処理能力がないと解けない

文章を正確に読み解き、情報を整理すれば答えは簡単に導けます。この問題では、最初からあやさんが嘘をついていることはわかっています。嘘をついているのがわかっているのだから、まずは、あやさん以外の証言を順に検証します。

答えの導き方

話を整理して、順番に考えれば答えは導けるじゃろ

①みかのセリフから「みかはかつのりより背が低い」ことがわかる。

②かつのりのセリフから「かつのりはあやより背が低い」ことがわかる。

みかとかつのりとあやの3人では背の低い順に
「みか→かつのり→あや」だとわかる。

低 (みか) < (かつのり) < (あや) 高

③さとみのセリフから背の低い順に「女→男→女→男→女」の順だとわかる。

\ ところが /
④あやのセリフから「あやはいちばん背が高くない」ことがわかり、真ん中があやだとわかる。つまり、みかがいちばん背が低いことがわかる。

低 (みか) < (かつのり) < (あや) < (男) < (女) 高

⑤ 残った「男」「女」それぞれにみのるとさとみが入るから

\ 答えは /

(みか) < (かつのり) < (あや) < (みのる) < (さとみ) となる。

整理して考える

問題 田中くん、大場くん、相沢くんの3人が部屋にいます。
なぞなぞが好きな先生がやってきて3人に、青の帽子2つと白の帽子2つを見せて「このうちのどれかを、あなたたちにかぶせます」と言いました。

青の帽子2つ

白の帽子2つ

田中くん　　大場くん　　相沢くん

先生は、3人に目かくしをしてから、帽子をかぶせて残った1つの帽子を別の部屋にかくしました。
先生は大場くんの目かくしだけをとって
「大場くん、あなたの帽子は何色ですか?」
と聞きました。
大場くんは「わかりません」と言いました。
次に先生は、田中くんの目かくしをとりました。
すると、大場くんは白の帽子、相沢くんは
青の帽子をかぶっているのが見えました。
田中くんには自分の帽子は見えません。
田中くんの帽子は何色だか、わかりますか?

大場くん　　　相沢くん

？

田中くん

答えの導き方

①大場くんはなぜ「わかりません」と言ったのかを考える。

⬇

田中くんと相沢くんが別々の色の帽子をかぶっていたから。

もし、ふたりが同じ色の帽子をかぶっていれば、同じ色の帽子は2つしかないのだから、ふたりとは違う色の帽子を自分がかぶっていると判断できたはず。

②大場くんと相沢くんは別々の色の帽子をかぶっていたのに、なぜ田中くんは自分の帽子の色がわかったのか。

⬇

①の大場くんの「わかりません」という返事から、田中くんと相沢くんが別々の色の帽子をかぶっていることがわかっていたから。

つまり、相沢くんは、大場くんとも田中くんとも違う色の帽子をかぶっていることがわかる。

⬇

\ 答えは /
相沢くんが青色の帽子なら、大場くんも田中くんも白色の帽子となる。

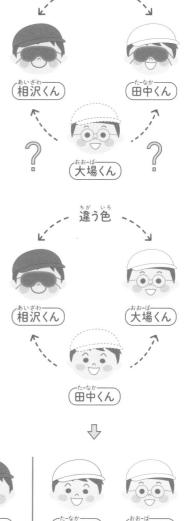

（相沢くん）

（田中くん）

（大場くん）

情報を整理し論理的に考えれば答えは簡単

論理的思考力を試す問題です。80ページの問題と違い、読解力と情報処理能力に加え、論理的思考力も問われます。この問題を解くコツは、大場くんの答えと田中くんの"目の前の把握"から情報を整理し、矛盾がないように考えること。焦らず落ち着いて考えれば答えを導き出すのは比較的容易です。

整理して考える

ちょっと
応用

問題　教室にいる生徒を、きつねチームとうさぎチームに分けます。

きつねチームは、何を聞かれても、うそをつきます。

うさぎチームは、何を聞かれても、本当のことを言います。

先生が、3人の生徒に話しかけたら次のように答えました。

ユキはどちらのチームでしょうか?

うさぎチーム

きつねチーム

ハルナ「……」(なんと言ったか、よく聞こえなかった)

ミナミ「ハルナちゃんは自分はきつねチームって言ったのよ」

ユ　キ「ミナミちゃんはうそつきだわ」

答えの導き方

①最初のハルナの言葉は聞こえなかったから、まずはミナミの言葉に注目する。

↓

もし、ミナミが言っていることが本当なら、ハルナはきつねチームと言ったことになる。

②もし、ハルナがきつねチームだったら?

↓

きつねチームの人は「わたしはきつねチームです」と言うだろうか?　きつねチームの人は何を聞かれてもうそをつくというルールだったはず。

↓

もしハルナがきつねチームなら「わたしはきつねチームですとは言わない」ことがわかる。

③もし、ハルナがうさぎチームだったら?

↓

うさぎチームの人は何を聞かれても本当のことしか言わないルール。したがって、ハルナがうさぎチームなら「わたしはきつねチームですとは言わない」ことがわかる。

④つまり、うそをついているのはミナミだとわかる。

↓

「ミナミちゃんはうそつきだわ」と言ったユキは本当のことを言っていることがわかる。

論理的思考力がないと解けない

"うそつきを探せ" 問題は、「この人の発言がうそだとするとおかしなことになる。だからうそはついていない」と1つずつ発言を検証し、可能性のないものは消去していくことで答えに近づきます。そして最後に「この人がうそをついても矛盾が起きない。だからこの人がうそつきだ!」というのがわかるのです。もうおわかりですね、情報処理能力と論理的思考力が"うそつきを探せ" 問題でも必要とされるのです。

どこで矛盾が起きているかを探るんじゃな

 \ 答えは /
ユキはうさぎチーム

ルールを見つける

共通した動きなどから隠された規則性を見つけるのが、推理の中の"ルールを見つける"という単元。グローバル社会で生きていくためには、傾向やルールを自分で見つけ出す力は非常に大切です。

きそ

問題 順番をよく見て□の中に矢印を書きましょう。

矢印の動きを見て、ルールを見つけよう

●時計の針の動きとリンクさせてみよう

"ルールを見つける"問題は、中学受験などでは数列の規則性を見つける問題が数多く出されますが、この問題は基礎中の基礎。時計の動きだとわかれば解ける問題です。矢印は右に、時計で言えば10分ずつの角度で規則正しく矢印が動いているのがわかります。ここまでわかればもう答えはわかったも同然。簡単ですね！

答え

問題 □に当てはまる数字を書きなさい。

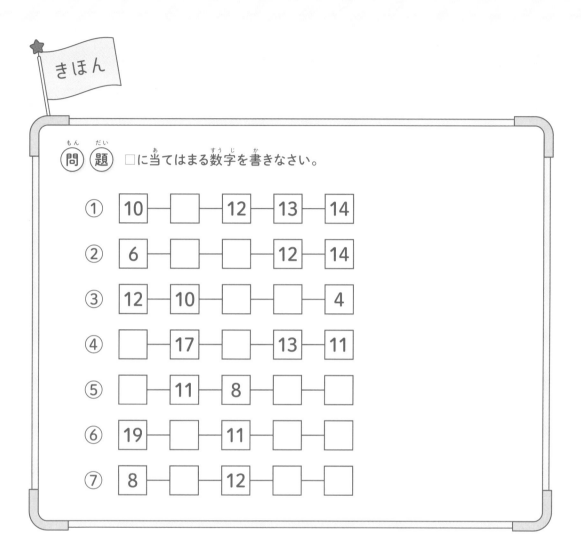

① 10 — □ — 12 — 13 — 14

② 6 — □ — □ — 12 — 14

③ 12 — 10 — □ — □ — 4

④ □ — 17 — □ — 13 — 11

⑤ □ — 11 — 8 — □ — □

⑥ 19 — □ — 11 — □ — □

⑦ 8 — □ — 12 — □ — □

●増えてる?減ってる?

数列は1、2、3……と1つ
ずつ数字が増えるものだけで
はありません。それ以外のル
ールを持つ数列もあります。
ルールを見つけ出し、空欄の
数字を答えましょう。

答え

① 10 — 11 — 12 — 13 — 14
② 6 — 8 — 10 — 12 — 14
③ 12 — 10 — 8 — 6 — 4
④ 19 — 17 — 15 — 13 — 11
⑤ 14 — 11 — 8 — 5 — 2
⑥ 19 — 15 — 11 — 7 — 3
⑦ 8 — 10 — 12 — 14 — 16

どんな
ルールかな?

場合わけ

きそ

「場合わけ」は"何通りあるか"を求める問題で、やはり論理的思考力と情報処理能力を求められます。中学になると「確率」とともに深く学習しますが、小学生のうちに理解するための基盤を作っておくことが大切です。

問題

右の図のように、りんご3個、ぶどう2個、メロン1個の果物があります。
この中から、3個の果物を選ぶ方法は何通りありますか?
同じ種類の果物を選んでもよいとします。

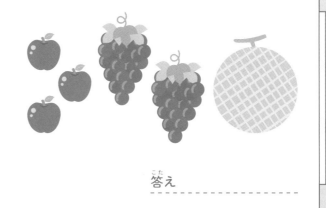

答え _____

「ならべ方(順列)」と「組み合わせ」の区別ができるように

つまずく子の多い単元である「場合わけ」ですが、小学生で習う内容は大きく分けて「ならべ方(順列)」と「組み合わせ」の2つがあり、まずはこの区別がつけられるようになることが大切。何しろこの2つは同じ「場合わけ」でも、解き方が異なります。選んだものに順番や役割を与えて区別するのが「ならべ方」の問題で、ただ選ぶだけのものは「組み合わせ」の問題です。つまりこの問題は組み合わせ問題です。

ノートに書き込もう

答えの導き方

 のカードを作って、実際に分けてみましょう。

頭で考えても混乱するだけです。最初は、カードを作ったり、表を作ったりして、実際に分けてみるとよいでしょう。

いちばん多いりんごの数を基準にして組み合わせを考えよう。

①りんごが3個のとき　②りんごが2個のとき　③りんごが1個のとき　④りんごが0個のとき

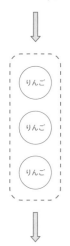　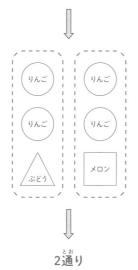　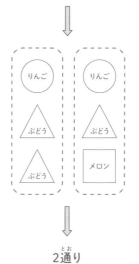　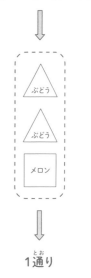

1通り　　　　2通り　　　　2通り　　　　1通り

答え　6通り

おわりに

2015年、イギリス・オックスフォード大学のマイケル・A・オズボーン准教授が「あと10〜20年で、49％の職業が機械に代わる可能性がある」と発表してから5年以上が過ぎました。
2020年には誰も予想だにしなかったパンデミックが起こり、人々の生活は一変しました。
"ジェネレーションα"と言われる2012年以降に生まれた子どもたちが成人するころ、世の中がどうなっているのか……誰にもわかりません。
でも、これからは身につけた知識や情報をもとに自分の頭で考え、表現し、判断することが必要となってきます。

もちろん算数も例外ではありません。

従来の「公式を覚えてとにかく答えを求める」「計算だけできればなんとかなる」という算数から、令和の算数では「解き方を知ったうえで何が問題なのかを発見する力」「物事のルールや仕組みを理解する力」「情報を集めて読み解く力」、そして「図やグラフや数字を使って自分の言葉で具体的に説明する力」が必要とされるようになりました。
保護者の方は、日常の身の回りのものすべてが算数の教材になりうるのだということを意識して、お子様とのコミュニケーションツールにつなげていただけたらと思います。親子で時間を共有できるのは、振り返ってみると意外と短い期間です。

現在は成人した息子に「小さい時にお母さんがやったことでうれしかったことは何だった？ 今になってみてありがたかったな、と思うことはある？」と聞いたことがあります。「う〜ん、一緒に勉強をやってくれたことかな？ 算数の問題とか一緒に解いてくれたよね」という答えが返ってきてびっくりしました。お弁当を作ったり、塾の送迎をしたり、旅行にも行ったりしたのになと心の中で思いながら、あ〜、そうだったんだと妙に納得しました。

今回の問題の中には、「これが算数なの？」という問題も入っています。ですが子どもたちが小学校低学年の間につまずきそうなポイント、押さえておいてほしいところがすべて網羅されています。ここさえきっちりと理解しておけば、きっとお子様たちは軽やかに令和の算数の道を進んでいけるでしょう。中にはじっくりと考える問題もありますが、親子一緒に試行錯誤しながら、こうかな？ 違うかな？と話し合いながら、算数本来の楽しさ、考えることの面白さを、ぜひ体験していただければと思っています。

2021年夏
大迫ちあき

小学校6年間の学習内容

小学校6年間で学ぶ算数の学年別一覧です。それぞれの単元と、単元が「かず～数と計算～」「かたち～図形～」「すいり～測定など～」のどれに属するのか記しました。低学年のうちは「かず」が圧倒的です。というのも「かず」は算数の土台となる大事な要素だから。たとえ令和の算数が「体験型」となったとしても「かず」がおろそかでは前に進みません。「かず」だけでなく、「かたち」「すいり」の概念を低学年のうちに身につけておくと、高学年になって抽象的な概念が出てきたときに、慌てることなく怯えることなくスムーズに学べます。

＊東京書籍（令和2年度用）参照

1	なかまづくりとかず	かず
2	なんばんめ	かず
3	あわせて　いくつ? ふえると　いくつ?	かず
4	のこりは　いくつ? ちがいは　いくつ?	かず
5	どちらが　ながい?	すいり
6	わかりやすく　せいりしよう	かず
7	10より　おおきいかず	かず
8	なんじ　なんじはん	すいり
9	3つのかずの　けいさん	かず
10	どちらが　おおい	すいり
11	たしざん	かず
12	かたちあそび	かたち
13	ひきざん	かず
14	おおきい　かず	かず
15	どちらが　ひろい	すいり
16	なんじなんぷん	すいり
17	たしざんと　ひきざん	かず
18	かたちづくり	かたち

小学校 1年生

小学校 2年生

1	わかりやすくあらわそう	かず
2	たし算のしかたを考えよう	かず
3	ひき算のしかたを考えよう	かず
4	長さをはかってあらわそう	すいり
5	100より大きい数をしらべよう	かず
6	水のかさをはかって あらわそう	すいり
7	時計を生活に生かそう	すいり
8	計算のしかたをくふうしよう	かず
9	ひっ算のしかたを考えよう	かず
10	さんかくやしかくの形を しらべよう	かたち
11	新しい計算を考えよう	かず
12	九九をつくろう	かず
13	1000より大きい数をしらべよう	かず
14	長い長さをはかってあらわそう	すいり
15	図を使って考えよう	かたち
16	分けた大きさの あらわし方をしらべよう	すいり
17	はこの形をしらべよう	かたち

1	九九を見直そう	かず
2	時刻と時間の求め方を考えよう	すいり
3	同じ数ずつわけるときの計算を考えよう	かず
4	大きい数の筆算を考えよう	かず
5	長い長さをはかって表そう	すいり
6	数をよく見て暗算で計算しよう	かず
7	わり算を考えよう	かず
8	10000より大きい数を調べよう	かず
9	大きい数のかけ算のしかたを考えよう	かず
10	わり算や分数を考えよう	かず
11	まるい形を調べよう	かたち
12	数の表し方やしくみを調べよう	かず
13	重さをはかって表そう	すいり
14	分数を使った大きさの表し方を調べよう	かず
15	□を使って場面を式に表そう	かず
16	かけ算の筆算を考えよう	かず
17	三角形を調べよう	かたち
18	わかりやすく整理して表そう	すいり

小学校 3年生

小学校 4年生

1	1億より大きい数を調べよう	かず
2	グラフや表を使って調べよう	かず
3	わり算のしかたを考えよう	かず
4	角の大きさの表し方を調べよう	かたち
5	小数のしくみを調べよう	かず
6	わり算の筆算を考えよう	かず
7	およその数の使い方や表し方を調べよう	かず
8	計算のやくそくを調べよう	かず
9	四角形の特ちょうを調べよう	かたち
10	分数をくわしく調べよう	かず
11	どのように変わるか調べよう	すいり
12	広さの表し方を考えよう	かたち
13	小数のかけ算とわり算を考えよう	かず
14	箱の形の特ちょうを調べよう	かたち

1	整数と小数のしくみをまとめよう	かず
2	直方体や立方体のかさの表し方を考えよう	かたち
3	変わり方を調べよう(1)	すいり
4	かけ算の世界を広げよう	かず
5	わり算の世界を広げよう	かず
6	形も大きさも同じ図形を調べよう	かたち
7	図形の角を調べよう	かたち
8	整数の性質を調べよう	かず
9	分数と小数、整数の関係を調べよう	かず
10	分数のたし算、引き算を広げよう	かず
11	ならした大きさを考えよう	かず
12	比べ方を考えよう(1)	すいり
13	面積の求め方を考えよう	かたち
14	比べ方を考えよう(2)	すいり
15	割合をグラフに表して調べよう	すいり
16	変わり方を調べよう(2)	すいり
17	多角形と円をくわしく調べよう	かたち
18	立体をくわしく調べよう	かたち

小学校 5年生

小学校 6年生

1	つり合いのとれた図形を調べよう	かたち
2	数量やその関係を式に表そう	かず
3	分数のかけ算を考えよう	かず
4	分数のわり算を考えよう	かず
5	割合の表し方を調べよう	すいり
6	形が同じで大きさが違う四角形を調べよう	かたち
7	円の面積の求め方を考えよう	かたち
8	角柱と円柱の体積の求め方を考えよう	かたち
9	およその面積と体積を求めよう	かたち
10	比例の関係をくわしく調べよう	かず
11	順序よく整理して調べよう	すいり
12	データの特ちょうを調べて判断しよう	すいり
13	算数の学習をしあげよう	

大迫ちあき

OSAKO CHIAKI

公益財団法人日本数学検定協会認定数学コーチャー&幼児さんすうエグゼクティブインストラクター。東京・恵比寿で、未就学児からの「理数系に強い子どもを育てる幼児さんすうスクールSPICA®」を運営。子育てが一段落したあと、小学生・中学生に対する算数・数学指導のほか、理数系に強い子どもを育てたいと、未就学児対象「かず・かたち教室」を開き、現在に至る。

近年では、幼児さんすう指導のエキスパートの育成に力を注ぎ、公益財団法人日本数学検定協会認定資格「幼児さんすうインストラクター養成講座・シニアインストラクター養成講座」「幼児さんすう指導法講座」を開講。

https://www.cmri-spica.com

STAFF

装丁・デザイン　　亀井英子
編集協力　　児玉響子
イラスト　　玉田紀子　Tossan
校　　正　　滄流社

小1から小3で
算数ぎらいにならない本

発行日　2021年9月5日

著　者　大迫ちあき
発行者　清田名人
発行所　株式会社内外出版社
　　　　〒110-8578 東京都台東区東上野2-1-11
　　　　電話 03-5830-0368(企画販売局)
　　　　電話 03-5830-0237(編集部)
　　　　https://www.naigai-p.co.jp
印刷・製本　中央精版印刷株式会社
©Chiaki OSAKO 2021　Printed in Japan　ISBN978-4-86257-560-9

本書を無断で複写複製(電子化を含む)することは、著作権法上の例外を除き、禁じられています。また本書を代行業者等の第三者に依頼してスキャンやデジタル化することは、たとえ個人や家庭内の利用であっても一切認められておりません。落丁・乱丁本は、送料小社負担にて、お取り替えいたします。